(شبح الأمراض النادرة و إفلاس الأطبّاء)

Median Arcuate Ligament Syndrome) MALS (

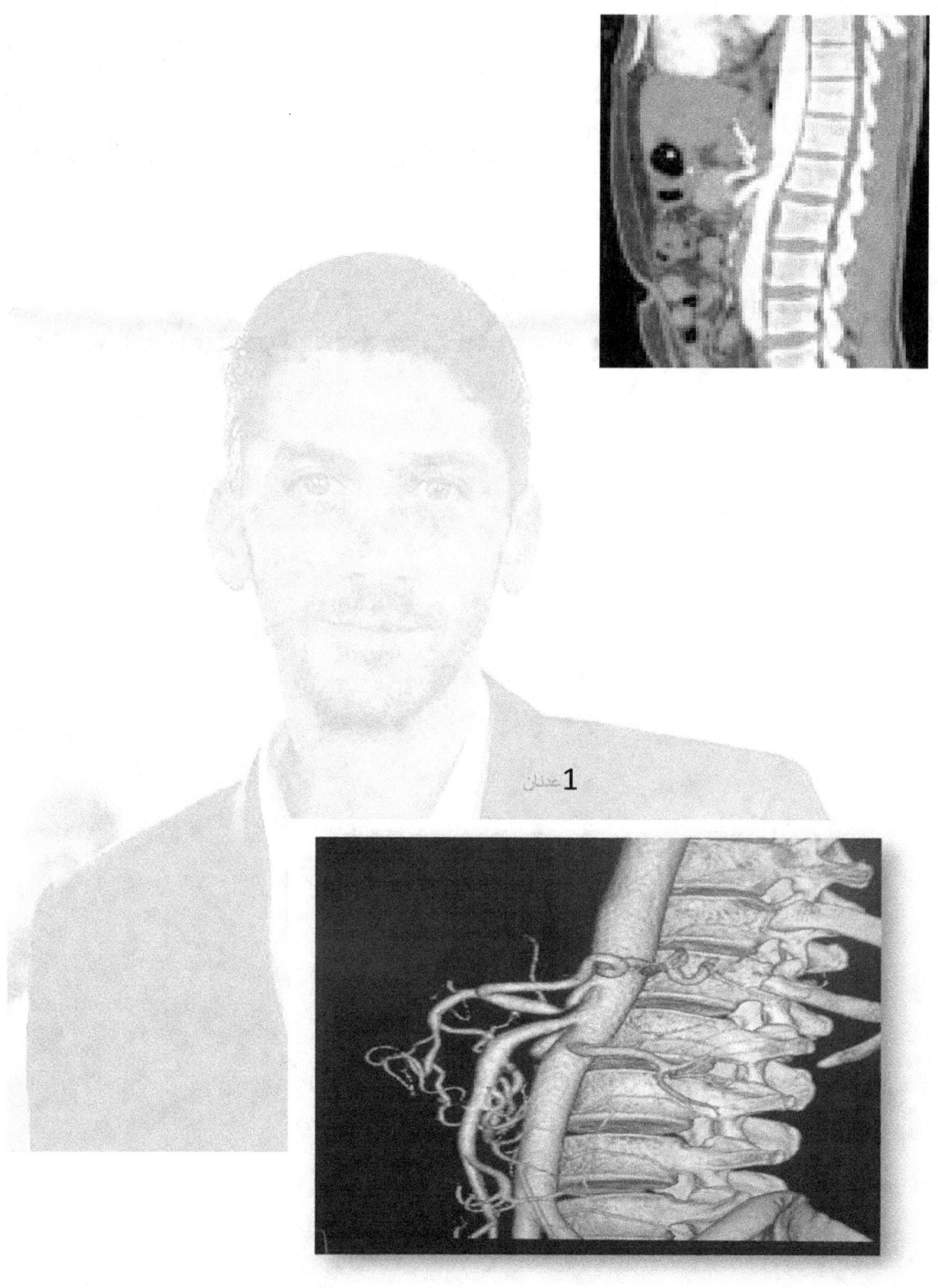

1 عدنان

المقدمة

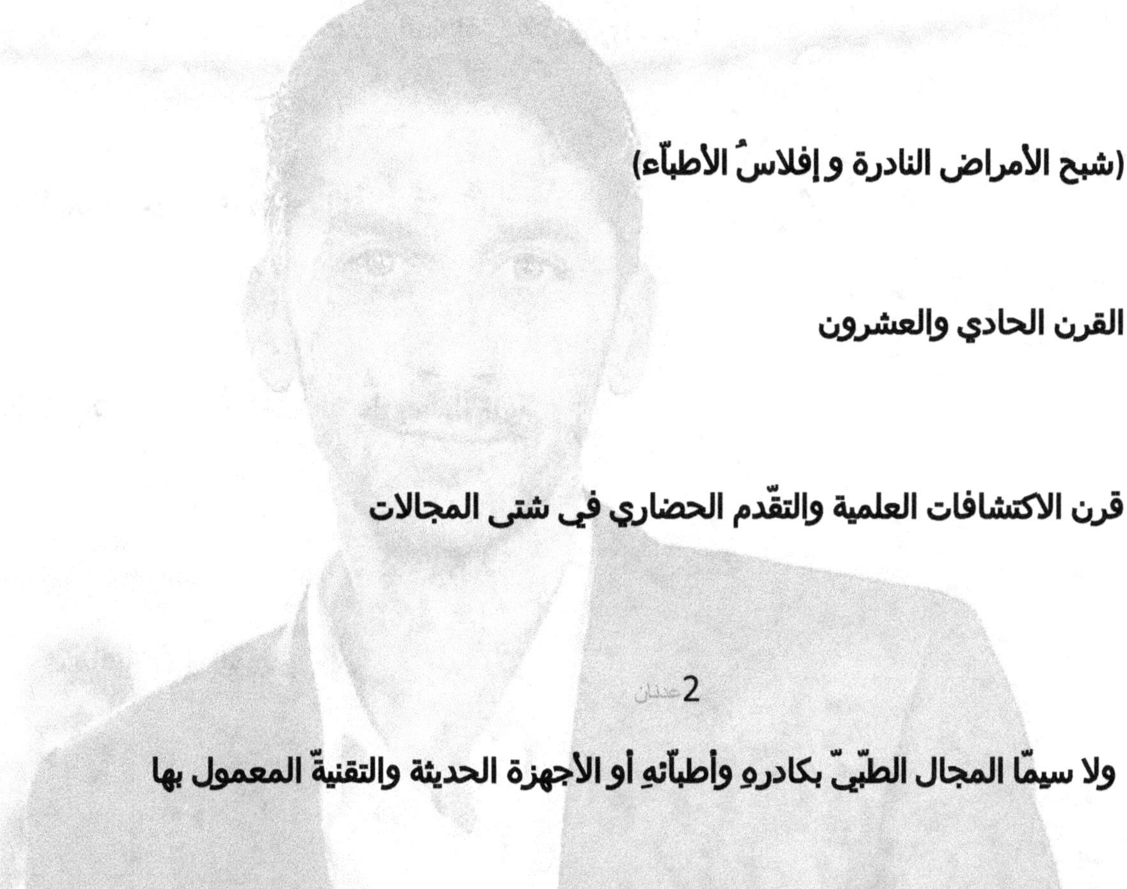

(شبح الأمراض النادرة و إفلاسُ الأطبّاء)

القرن الحادي والعشرون

قرن الاكتشافات العلمية والتقدّم الحضاري في شتى المجالات

2عدنان

ولا سيمّا المجال الطبّيّ بكادرهِ وأطبّائهِ أو الأجهزة الحديثة والتقنيةّ المعمول بها

لكن على الرغم من هذا التقدمّ وخصوصاً في العالم الأول كما يصُنفّه الساسة إلا أن الأخطاء

الطّبيةّ لا زالت قائمة، ونسبة الوفياّت من تلك الأخطاء لم تنحسر بعد، وجهل القراءة للأبحاث

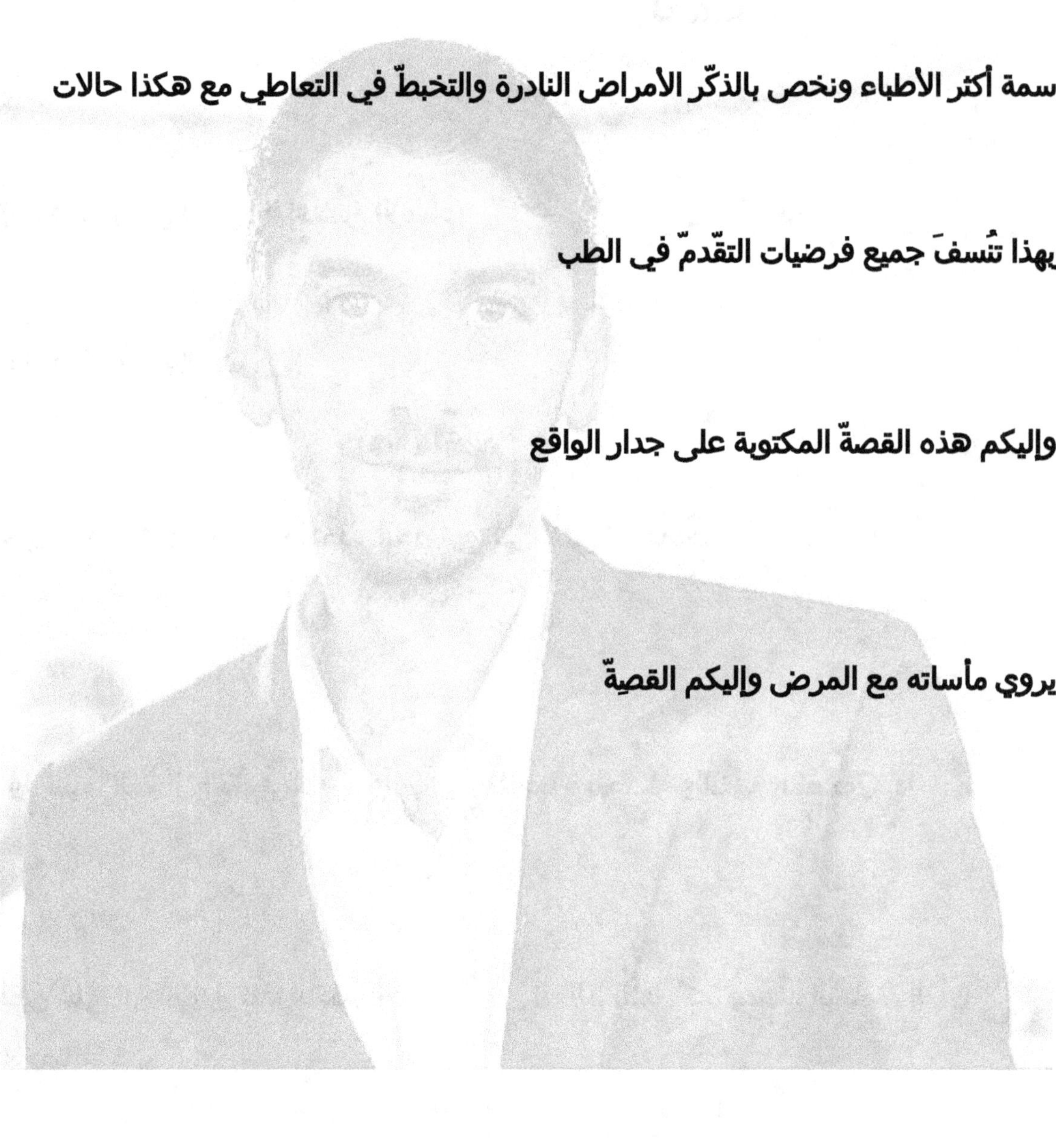

سمة أكثر الأطباء ونخص بالذكّر الأمراض النادرة والتخبطّ في التعاطي مع هكذا حالات

وبهذا تُنسفَ جميع فرضيات التقّدمّ في الطب

واليكم هذه القصةّ المكتوبة على جدار الواقع

يروي مأساته مع المرض واليكم القصِةّ

)ع_ر(شاب يبلغ من العمُر ست وثلاثون عاماً متزوج ولديهِ أربعة أطفال

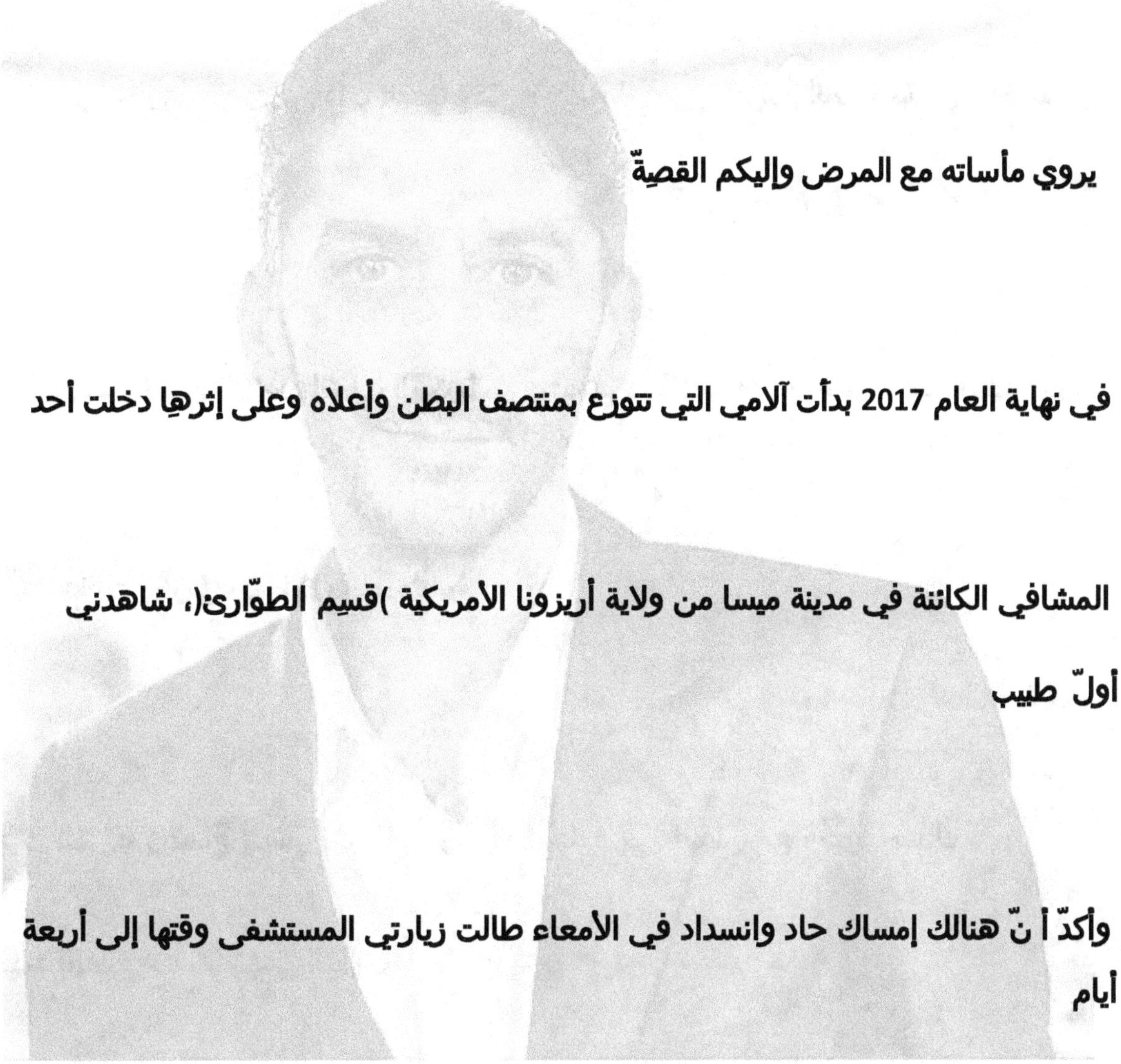

يروي مأساته مع المرض وإليكم القصةّ

في نهاية العام 2017 بدأت آلامي التي تتوزع بمنتصف البطن وأعلاه وعلى إثرهِا دخلت أحد

المشافي الكائنة في مدينة ميسا من ولاية أريزونا الأمريكية)قسِم الطوّارئ(، شاهدني أولّ طبيب

وأكدّ أ نّ هنالك إمساك حاد وانسداد في الأمعاء طالت زيارتي المستشفى وقتها إلى أربعة أيام

خرجت بعدها، وبالرغم من خروجي لم أكن مرتاحاً إطلاقاً، مضت بيَ الأيام قرابة الشهر

لتعود

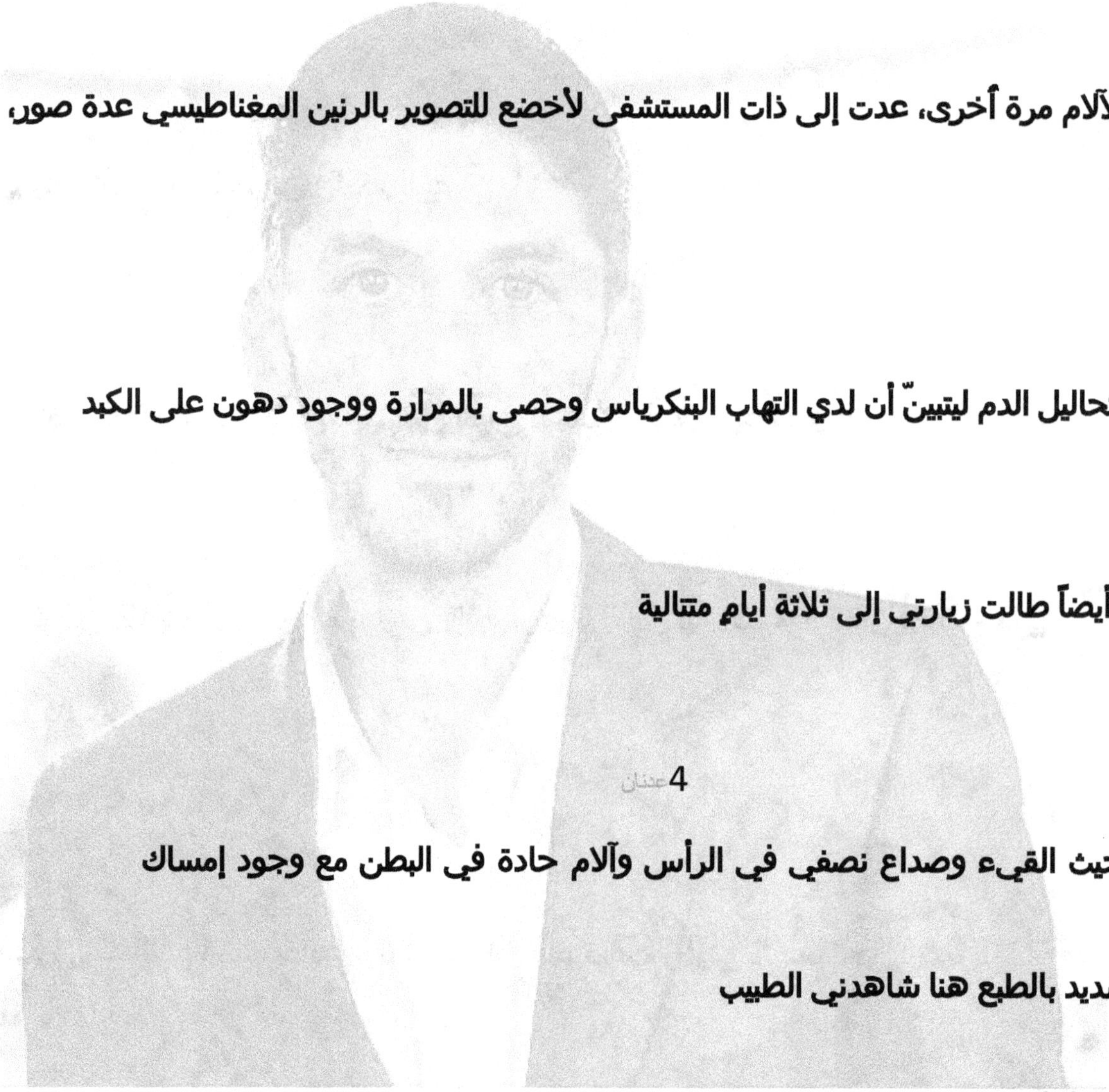

الآلام مرة أخرى، عدت إلى ذات المستشفى لأخضع للتصوير بالرنين المغناطيسي عدة صور، و

تحاليل الدم ليتبينّ أن لدي التهاب البنكرياس وحصى بالمرارة ووجود دهون على الكبد

أيضاً طالت زيارتي إلى ثلاثة أيام متتالية

4 عدنان

حيث القيء وصداع نصفي في الرأس وآلام حادة في البطن مع وجود إمساك

شديد بالطبع هنا شاهدني الطبيب

Sachdev

الذي اهتم بحالتي كثيراً وكان الطبيب المختص الذي يقف بجانبي للوصول إلى التشخيص الصحي

خرجت من المستشفى على أملٍ أنّ الشفاء قد تم

ولسوء الحظ كأن شيئاً لم يكن، أصحو في الصباح على شعور بالرغبة بالتقيؤ والدوار والألم

والإمساك الشديد

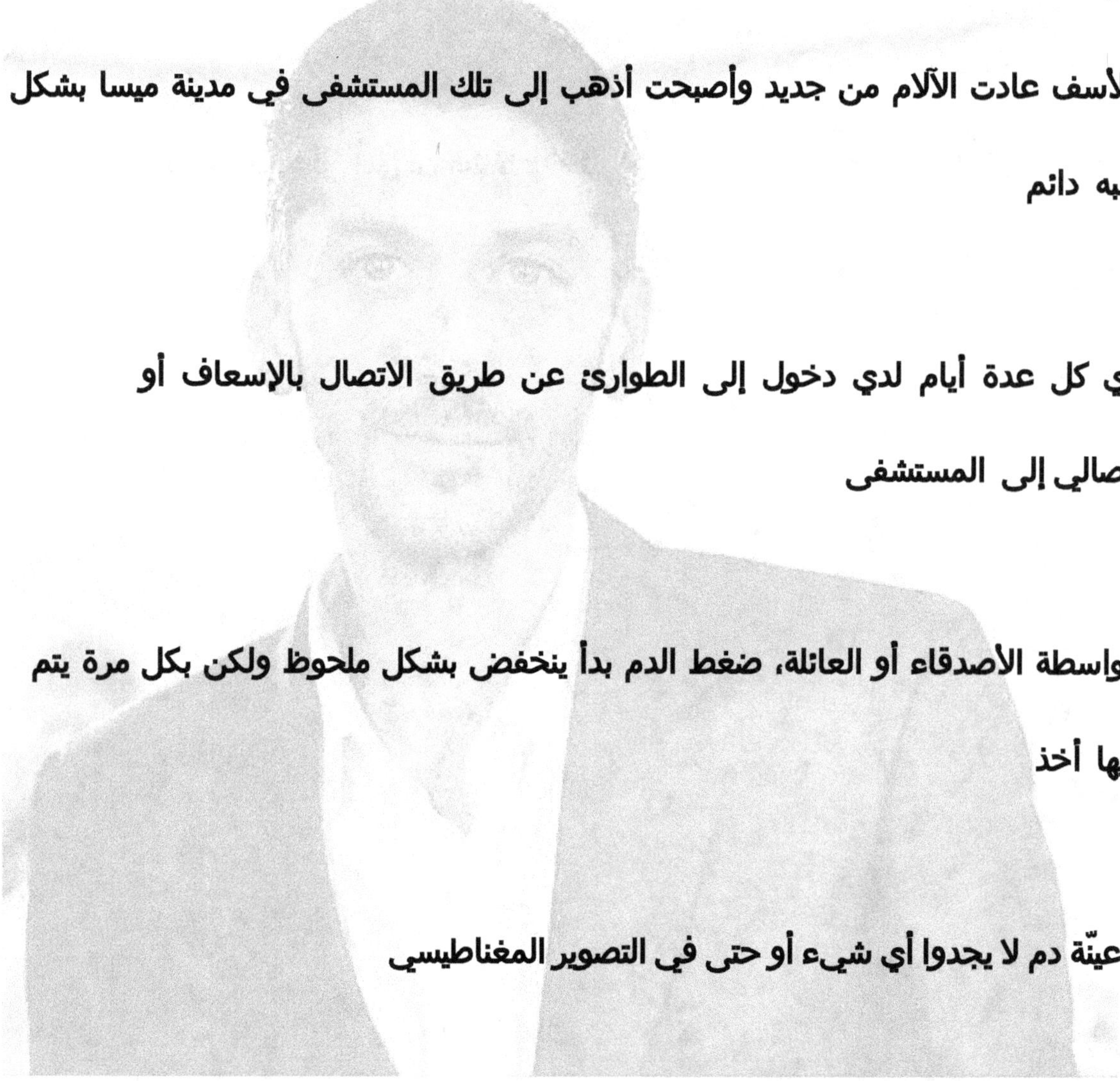

للأسف عادت الآلام من جديد وأصبحت أذهب إلى تلك المستشفى في مدينة ميسا بشكل

شبه دائم

أي كل عدة أيام لدي دخول إلى الطوارئ عن طريق الاتصال بالإسعاف أو

إيصالي إلى المستشفى

بواسطة الأصدقاء أو العائلة، ضغط الدم بدأ ينخفض بشكل ملحوظ ولكن بكل مرة يتم

فيها أخذ

عيّنة دم لا يجدوا أي شيء أو حتى في التصوير المغناطيسي

بدأ الأطباء في الطوارئ بالتذّمر عند رؤيتي وأصبحت أسمع صيحات الاستهجان والاتهام

)بإدمان(الأدوية

أو المرض النفسي ومنهم من تهمني بالجنون هنا بدأ التحّركّ الفعلي من الطبيب

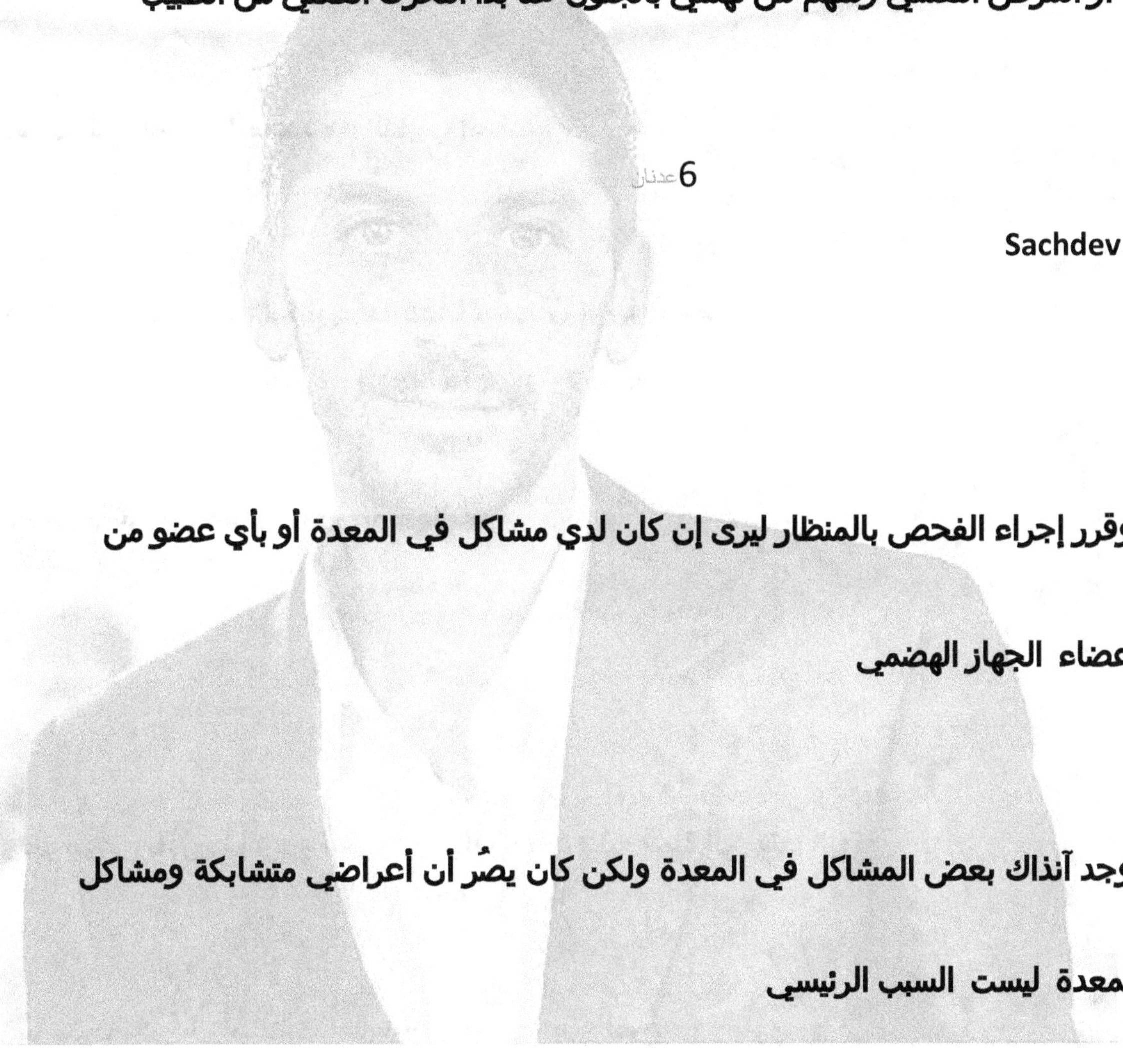

6عدنان

Sachdev

وقرر إجراء الفحص بالمنظار ليرى إن كان لدي مشاكل في المعدة أو بأي عضو من

أعضاء الجهاز الهضمي

وجد آنذاك بعض المشاكل في المعدة ولكن كان يصُر أن أعراضي متشابكة ومشاكل

المعدة ليست السبب الرئيسي

عندها طلب منيّ إجراء صورة رنين مغناطيسي للتأكد من أمر كان يراوده الشك فيه

أجريت الصورة والألم يزداد أكثر فأكثر، والقيء أصبح بشكل يومي مع هبوط ملحوظ بالوزن

ذهبت إلى الموعد المحدد مع الطبيب المختص

لأُدهشَ بكلماتهِ التي أبكتني بعد معاناة عدنان (وجدت المرض)

Median arcuate ligament syndrome

7 عدنان

وهو مرض نادر جداً وغير معروف، والدراسات عليه قليلة إلى هذا اليوم

هنا بكيت بحرقة واختلطت أحاسيسي بين الألم والفرح

وقال لي أنا آسف لأنك ستخضع لجراحة حتى تنتهي من الألم

عدنان8

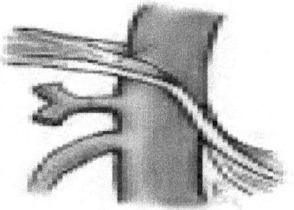

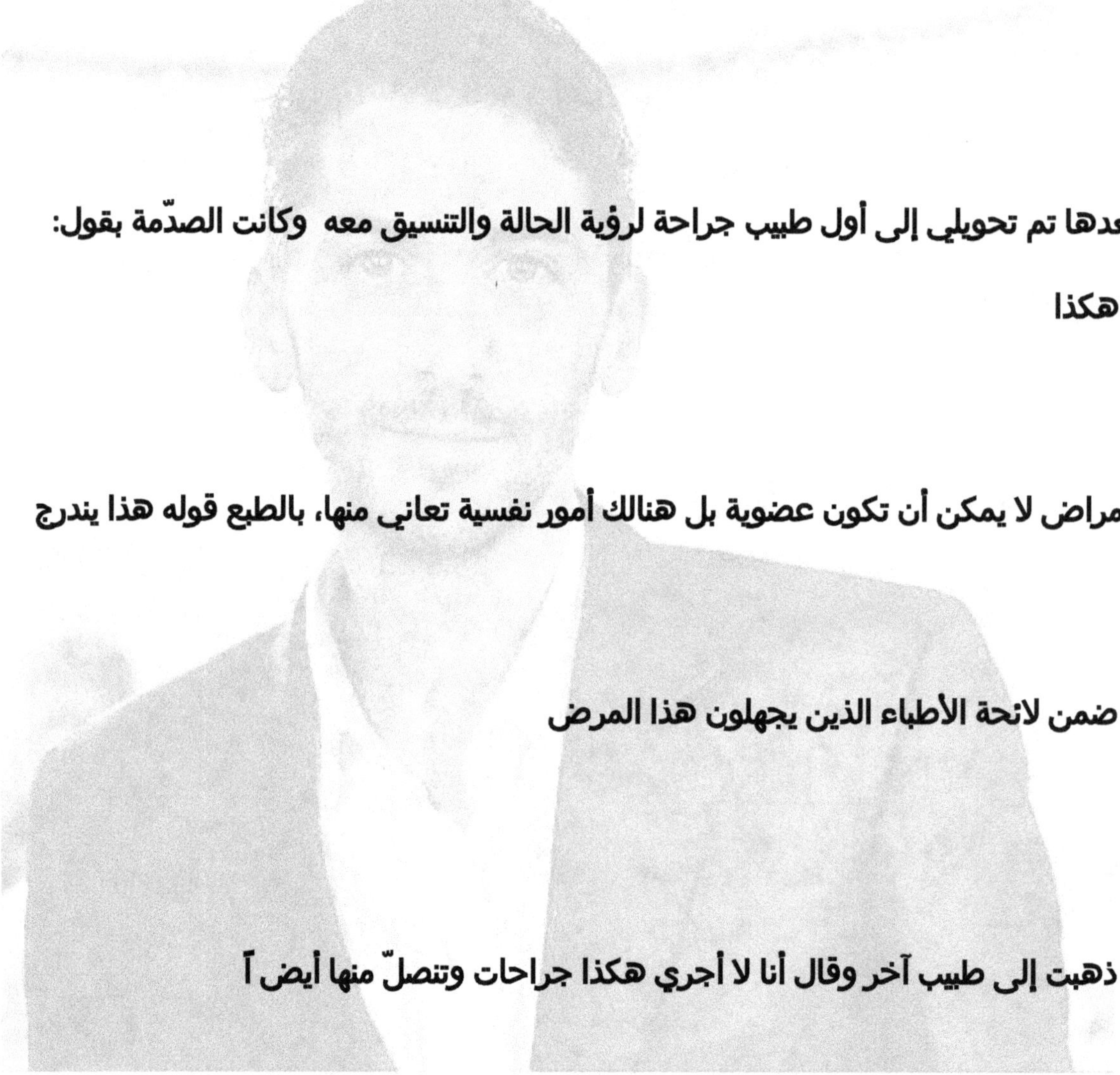

بعدها تم تحويلي إلى أول طبيب جراحة لرؤية الحالة والتنسيق معه وكانت الصدّمة بقول:

هكذا

أمراض لا يمكن أن تكون عضوية بل هنالك أمور نفسية تعاني منها، بالطبع قوله هذا يندرج

ضمن لائحة الأطباء الذين يجهلون هذا المرض

ذهبت إلى طبيب آخر وقال أنا لا أجري هكذا جراحات وتنصلّ منها أيض آ

شعرت وقتها أن الأبواب قد أوصدت بوجهي والألم وجمع الأعراض التي ذكرتها أعلاه تقتلني

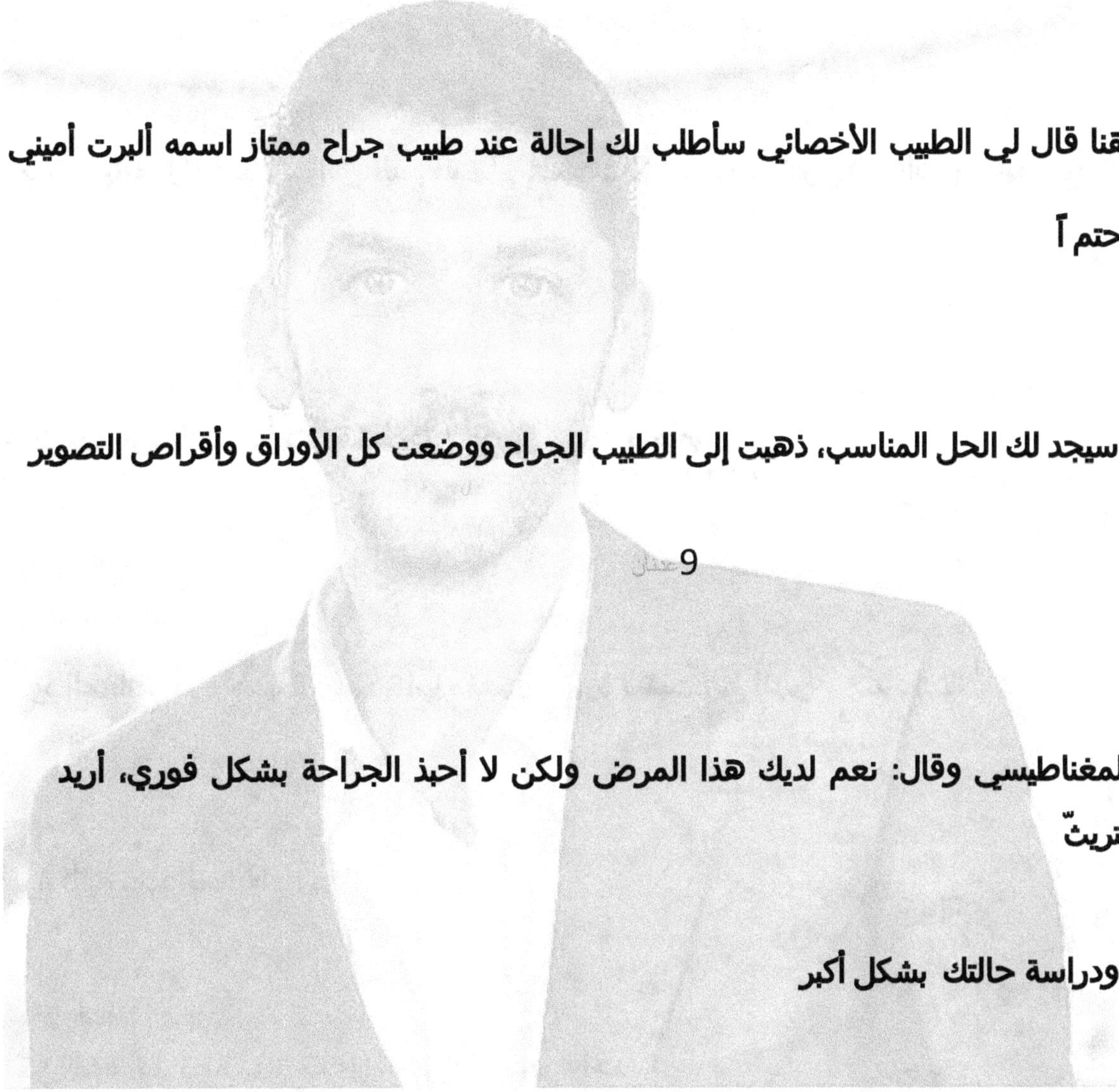

هنا قال لي الطبيب الأخصائي سأطلب لك إحالة عند طبيب جراح ممتاز اسمه ألبرت أميني وحتم اً

سيجد لك الحل المناسب، ذهبت إلى الطبيب الجراح ووضعت كل الأوراق وأقراص التصوير

9

المغناطيسي وقال: نعم لديك هذا المرض ولكن لا أحبذ الجراحة بشكل فوري، أريد التريثّ

ودراسة حالتك بشكل أكبر

تم التواصل آنذاك بين الجراح والمتخصص ليتم إعطائي بشكل مؤقت إبرة تخدير موضعي داخلي

للمنطقة المصابة عن طريق المنظار

Celiac Plexus Block

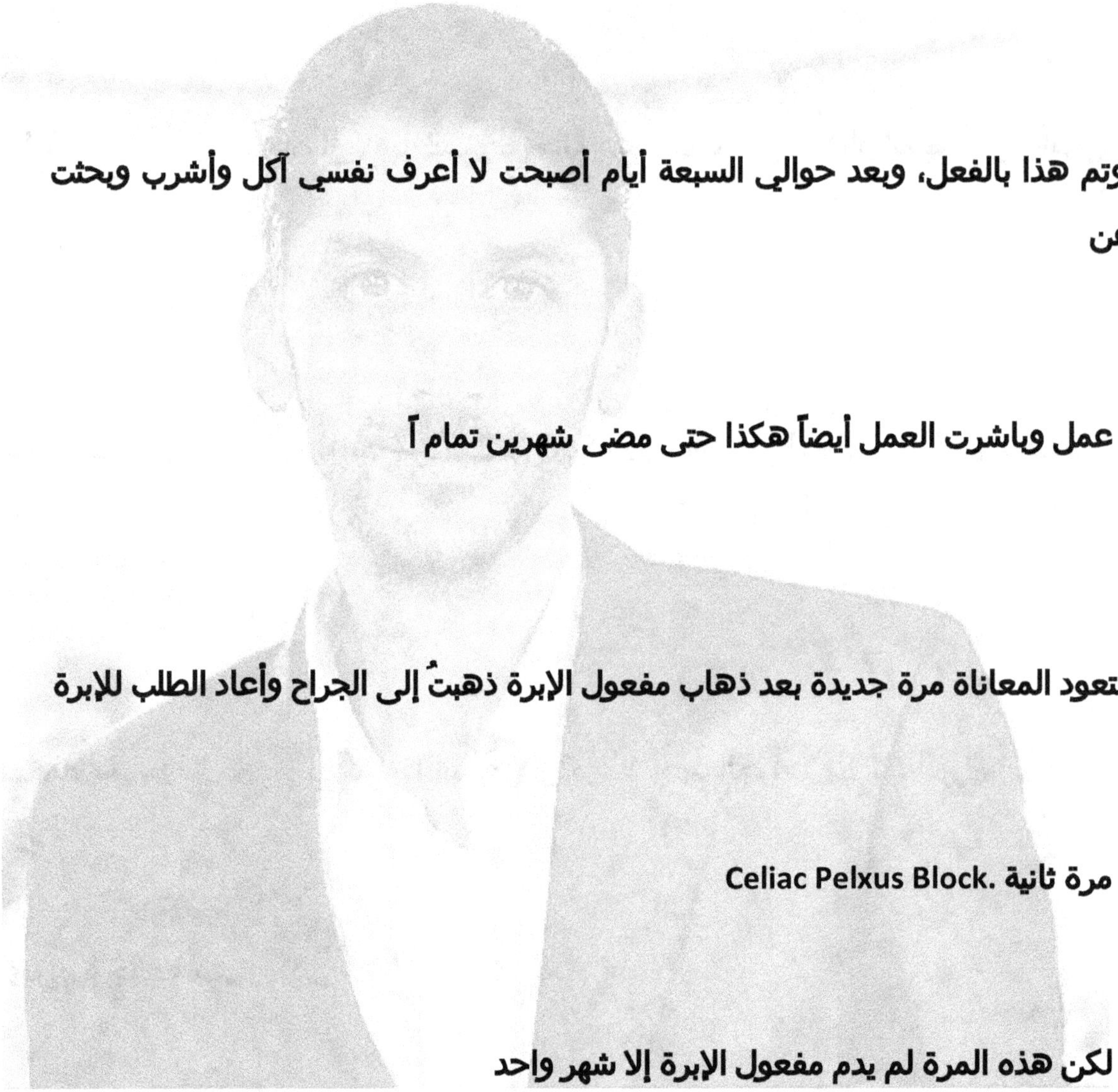

وتم هذا بالفعل، وبعد حوالي السبعة أيام أصبحت لا أعرف نفسي آكل وأشرب وبحث عن

عمل وباشرت العمل أيضاً هكذا حتى مضى شهرين تمام آ

لتعود المعاناة مرة جديدة بعد ذهاب مفعول الإبرة ذهبتُ إلى الجراح وأعاد الطلب للإبرة

مرة ثانية .Celiac Pelxus Block

لكن هذه المرة لم يدم مفعول الإبرة إلا شهر واحد

مع العلم أنّ الأعراض تتفاقم أكثر والقيء يتكرر عدة مرات في اليوم الواحد وفقدان أكثر

من خمسة عشر كغ منذ بداية المرض

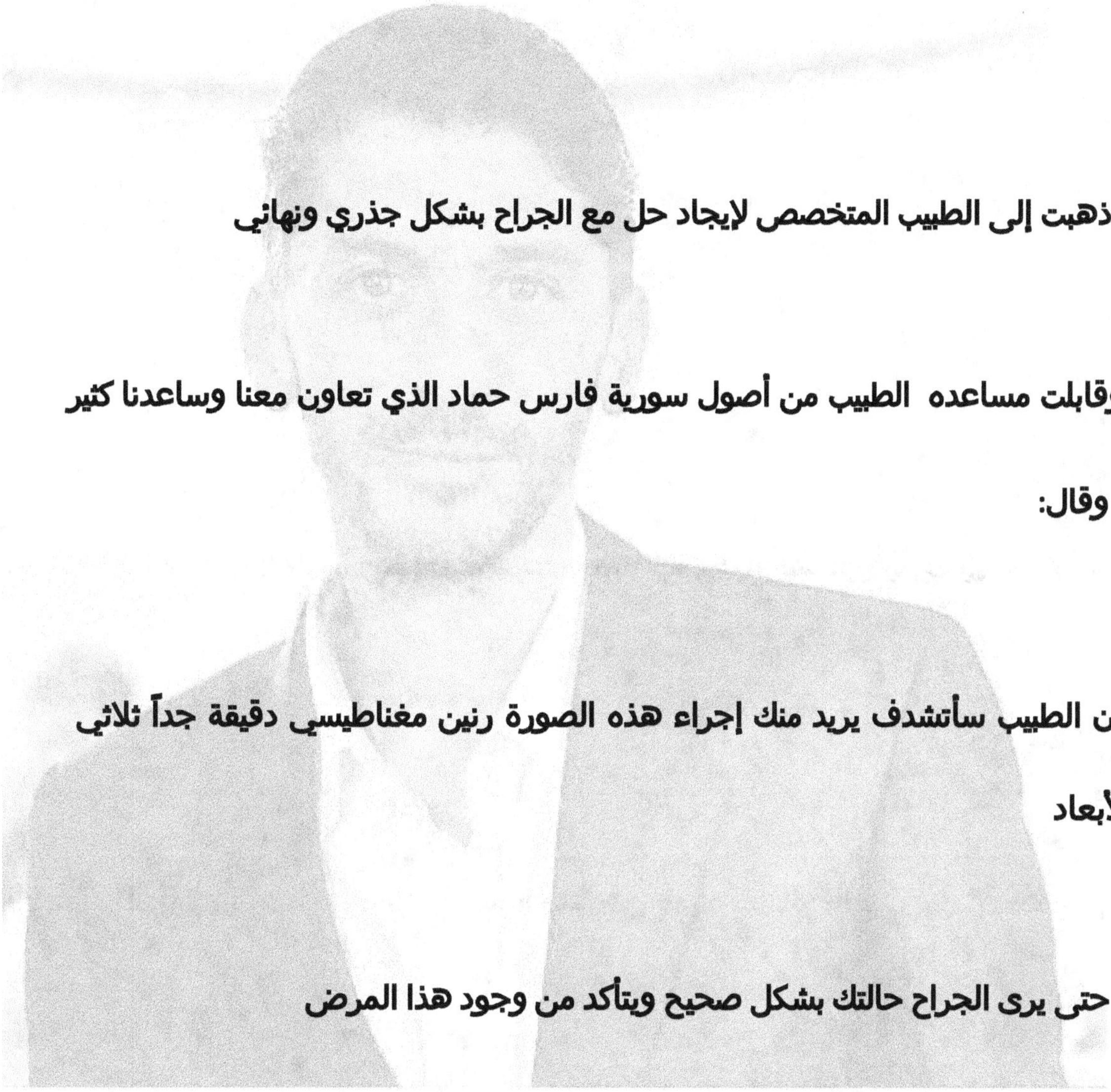

ذهبت إلى الطبيب المتخصص لإيجاد حل مع الجراح بشكل جذري ونهائي

وقابلت مساعده الطبيب من أصول سورية فارس حماد الذي تعاون معنا وساعدنا كثير

اً وقال:

أن الطبيب سأتشدف يريد منك إجراء هذه الصورة رنين مغناطيسي دقيقة جداً ثلاثي

الأبعاد

حتى يرى الجراح حالتك بشكل صحيح ويتأكد من وجود هذا المرض

Median arcuate ligament syndrome

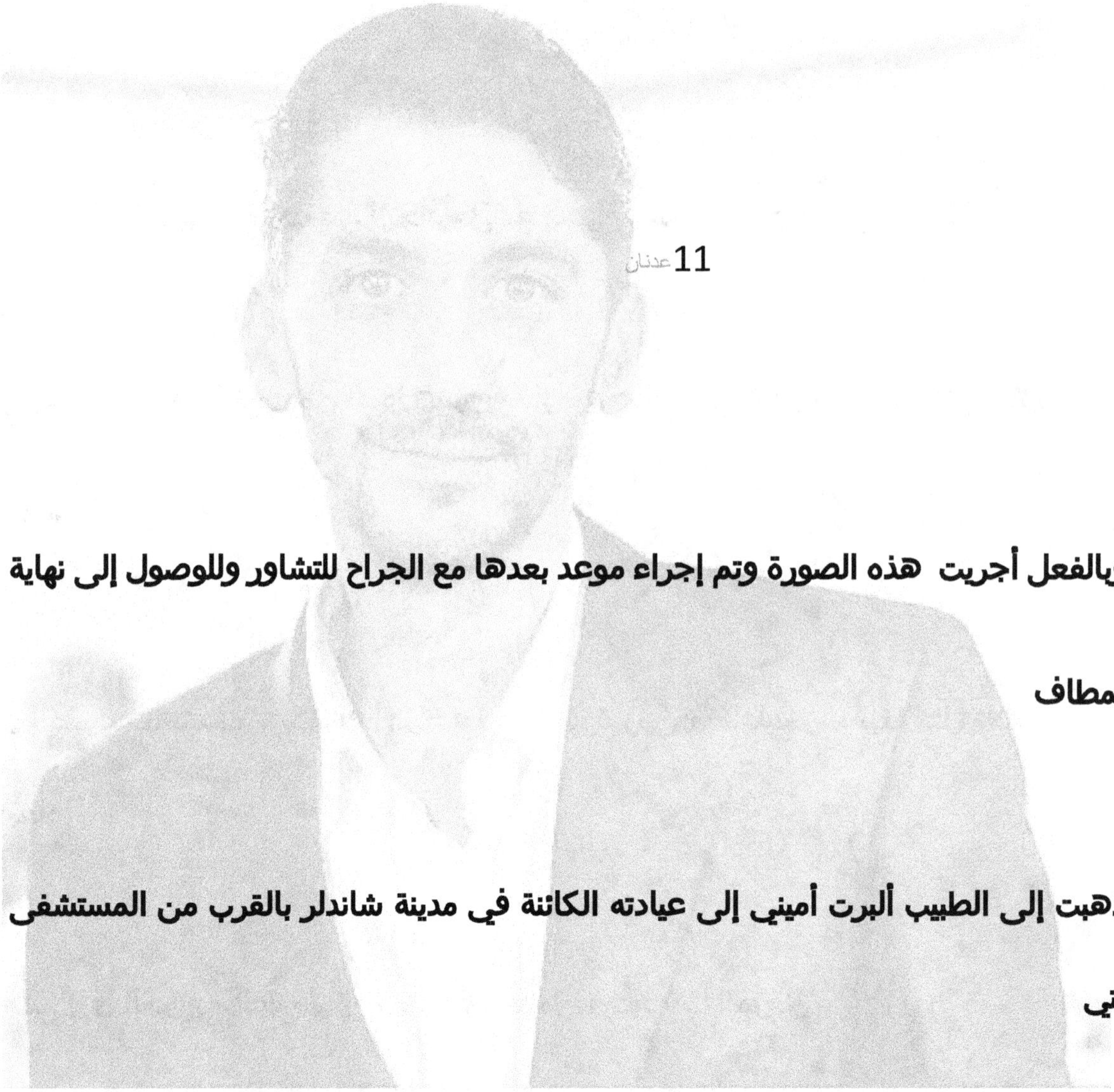

11عدنان

وبالفعل أجريت هذه الصورة وتم إجراء موعد بعدها مع الجراح للتشاور وللوصول إلى نهاية المطاف

ذهبت إلى الطبيب ألبرت أميني إلى عيادته الكائنة في مدينة شاندلر بالقرب من المستشفى التي

لجأت إليها في كل أوقات آلامي من بعد اتهامي من مستشفى ميسا بالجنون والإدمان على الأدوية المسكنة

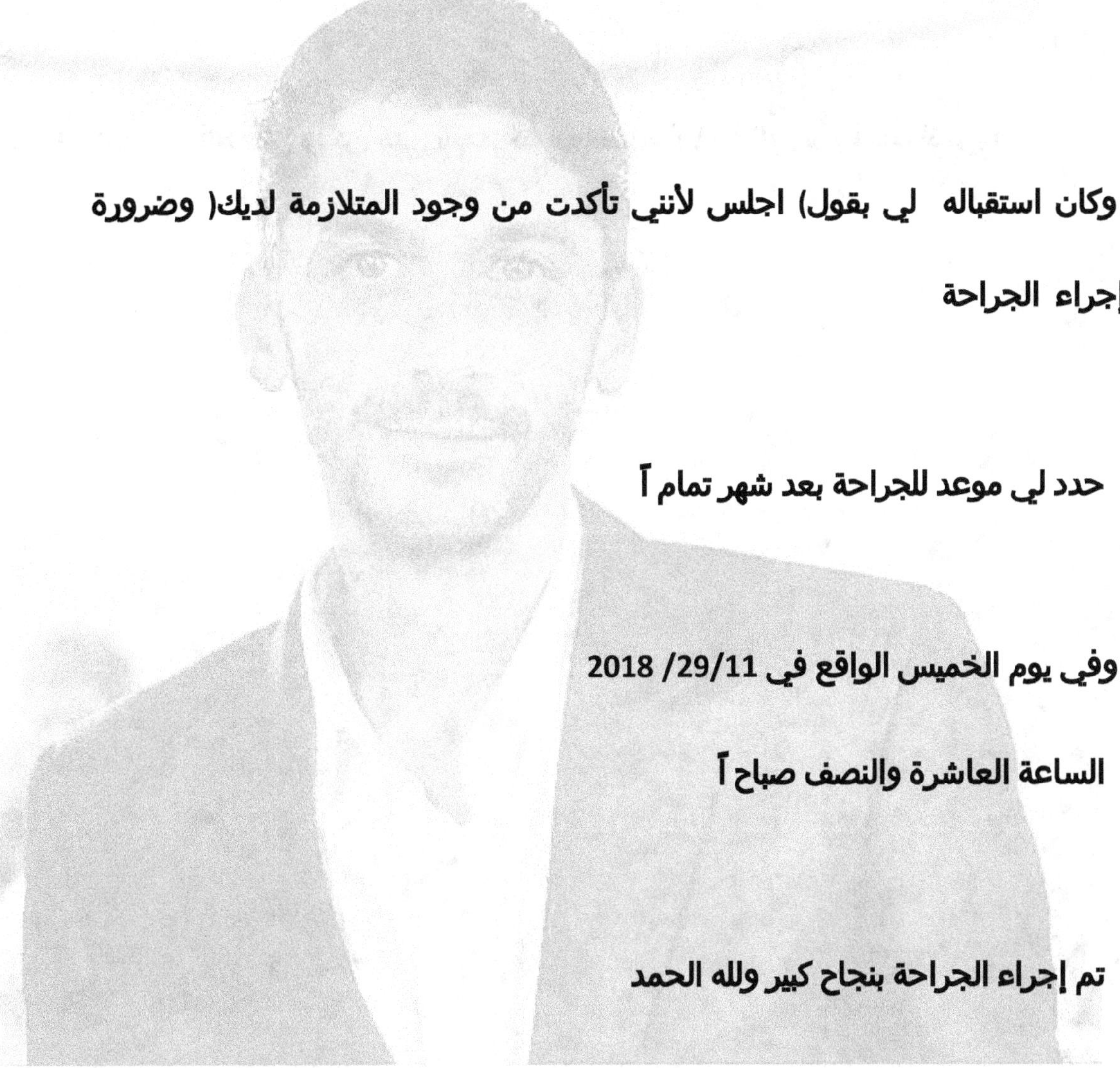

وكان استقباله لي بقول) اجلس لأنني تأكدت من وجود المتلازمة لديك(وضرورة إجراء الجراحة

حدد لي موعد للجراحة بعد شهر تمام آ

وفي يوم الخميس الواقع في 29/11 /2018

الساعة العاشرة والنصف صباح آ

تم إجراء الجراحة بنجاح كبير ولله الحمد

12عدنان

مع العلم أنه على التصوير القديم تم تحديد نسبه النجاح من 20 إلى 60 بالمئة

وها أنا الآن أشعر بالتحسن التدريجي بلا آلام مفرطة أو قيء وهذا يدل على نجاح الجراحة 100 بالمئة

نعم تم اكتشاف المرض ولكن متى سيتم كشف أسبابهِ ؟؟؟؟ إلى يومنا هذا لا يوجد إجابة

13 عنان

النهاية

ومن هنا أقول وأتمنى من كل طبيب إنسان

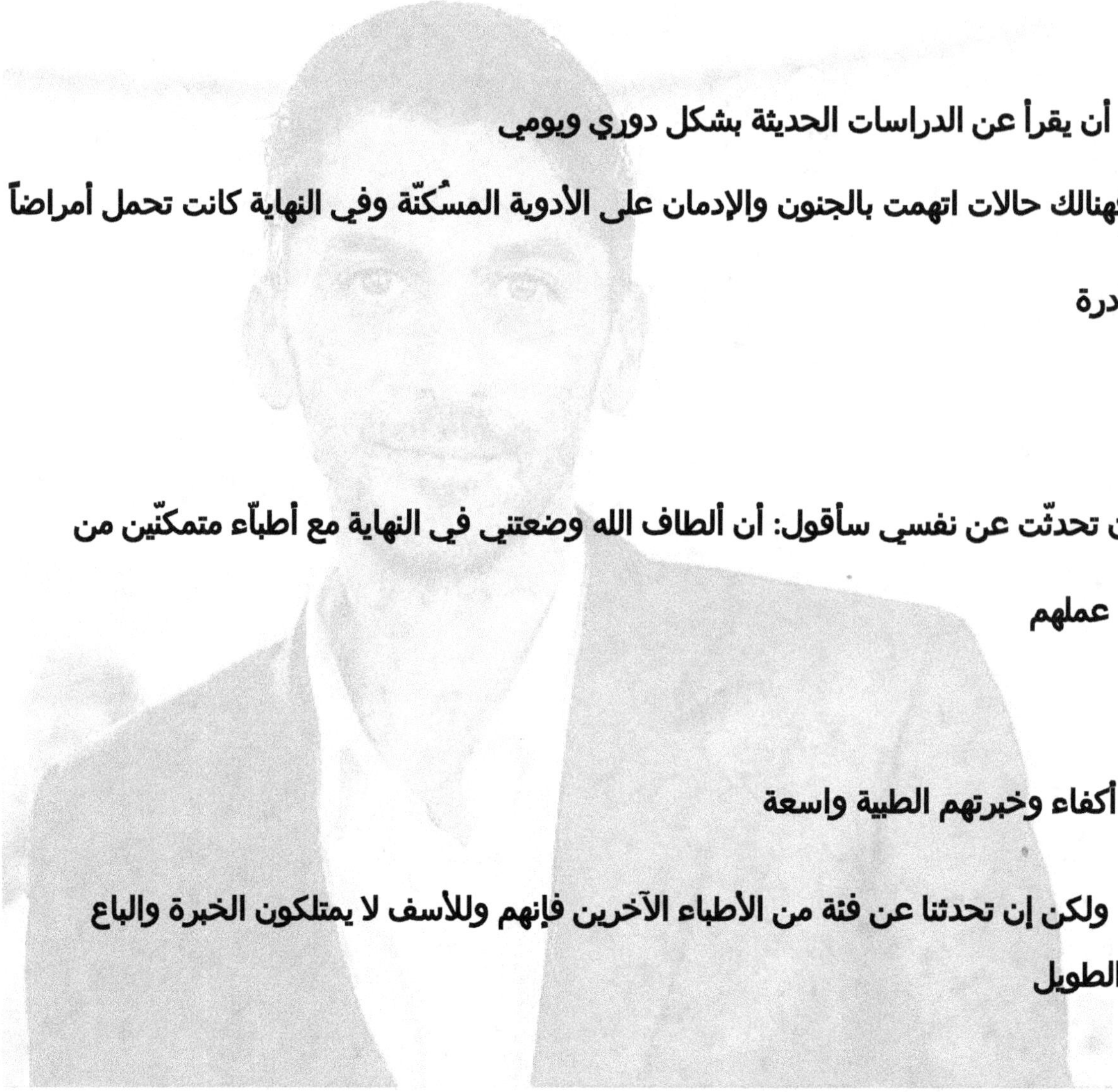

أن يقرأ عن الدراسات الحديثة بشكل دوري ويومي

فهنالك حالات اتهمت بالجنون والإدمان على الأدوية المسُكنّة وفي النهاية كانت تحمل أمراضاً نادرة

إن تحدثّت عن نفسي سأقول: أن ألطاف الله وضعتني في النهاية مع أطبآء متمكنّين من عملهم

أكفاء وخبرتهم الطبية واسعة

ولكن إن تحدثنا عن فئة من الأطباء الآخرين فإنهم وللأسف لا يمتلكون الخبرة والباع الطويل

في الأمراض النادرة أو القراءة عنها

أرجوكم لا تحملوا الآثام لمجرد جهلكم ببعض الأمراض النادرة، حتى لا تصبحوا مفلسين

حقيقة   برسم

الإنسانية

14 عدنان

تقبلوا تحيات الأديب والشاعر

عدنان رضوان

الترجمة الأستاذة علياء

المعاضيد

16الصفحة عدنان رضوان

(The ghost of rare diseases and the failure of doctors) Median Arcuate Ligament Syndrome (MALS)

The 21st century is a century of scientific discoveries and progress in various fields

Particularly the medical field, with all its modern care and technical equipment.

Despite this progress in what so-called "first world countries", as classified by politicians

Medical errors persist. The percentage of deaths occurring from these errors have not been receded

Ignorance of research exploration is a characteristic of most doctors

Specifically when confusion in dealing with rare diseases occurs

Making the hypothesis of progressed medical care a fake.

Here is a story written on the wall of reality

(A. R.) a young man aged thirty-six, married and has four underaged children

Writing his tragedy with the rare disease, he says:

"late 2017, my pain began in the abdomen area, after I was entered to the E.R.

in a hospital located in Mesa, Arizona, I meet my first doctor

He confirmed that there was a severe constipation and blockage in the intestines

I was admitted to the hospital for four days. Despite my discharge, I was not at ease

I was entered back a month later when the pain started again

I had to undergo several MRI scans and blood tests that discovered the existence of an inflammation

الصفحة18

in my pancreas and gallstones, and the presence of fat on the liver

The misery extended to three consecutive days of vomiting, migraines,

and acute pain in the abdomen, as well as constipation.

Doctor Sachdev was the one who stood by me and cared for me until I discovered a diagnosis

I came out of the hospital with the hopes that I will heal, unfortunately I was not

I was waking up every morning dizzy and wanting to puke

I had to go to the same hospital almost every day when the pain kicked in

By that, I mean calling 911 for an ambulance, or having my friends or family drive me ungently.

My blood pressure began to decrease significantly

الصفحة19

but every time a blood test was done, every time an imaging was done, no answers were to be found

The doctors in the E.R. started to lose patience and complain every time they see me

I started to get storms of accusations, everything from drug use and addiction, psychiatric illness,

or just hallucinating. When that started to happen

Doctor Sachdev decided to perform a laparoscopic examination and check if

I have problems in my internal abdomen. He insisted that my symptoms are intertwined and the pain I have in my abdomen area isn't where they should just look

So, he asked me to do an MRI to rest his doubts.

The pain was increasing day after another, and vomiting became a daily habit, with a noticeable weight decrease

الصفحة20

As soon as the MRI results came through, I went to see the specialist

and was astonished by his words that I cried, "ADNAN FINALLY KNOWS HIS DISEASE!".

Median arcuate ligament syndrome- is the name of it; a very rare and unknown disease;

the studies made were fairly few to this day. I had mixed feelings, between pain and joy when he said,

"I am sorry, but you have to undergo a surgery to get rid of the pain"

So, I was referred to my first surgeon,

"such diseases cannot be just biological, there are psychological causes that can trigger it"

Of course, saying this fell within the list of doctors who did not know the nature of the disease!

الصفحة21

So, I was transferred to another surgeon, "I don't do such surgeries and try my best to avoid them!".

I felt that the doors are being shut in my face, and the symptoms and pain were killing me.

So, my physician advised me to get a referral to a surgeon named Albert Amini, who will

"inevitably find the right solution". I went to him bringing all reports, screens and CDs I had

Upon diagnosis, he said, "Yes, you have this disease, but I don't want to perform a surgery right away

I want to be patient and study your condition further"

I was temporarily given an internal local anesthesia for the affected area via celiac Pelxus Block needle.

After about seven days, I started eating and drinking like a normal person,

applied for a job and started working as well

الصفحة22

Two months later, the anesthesia affects faded, and the pain kicked again

so the surgeon re-ordered the celiac Pelxus Block needle.

This time however, the affects lasted only one month.

The symptoms were more acute; vomiting occurred repeatedly and several times per day.

I lost more than 15kg since the onset of the disease.

I decided to visit the surgeon again to see if we can find a solution, once and for all. During that time,

I met a new Doctor from Syrian origins, Faris Hammad, who collaborated with us and decided to help.

"Doctor Satshdev wants you to make this very accurate 3D magnetic resonance

الصفحة23

so the surgeon can see your condition properly and confirm the locality of the disease".

The imaging was conducted and a visit to surgeon Albert Amini was made.

His clinic was in Chandler, Arizona, right next to the hospital where I resorted to after I was accused of being a mad addict in Mesa hospital. Doctor Amini greeted me with saying,

"I have confirmed your syndrome, the necessity of the surgery".

A surgery date was set, 1 month in advance to be exact, Thursday 11/29/2018 at 10:30am.

The surgery was performed on that day, thankfully,

with great success, even with knowing that the screening only confirmed 20% to 60% success rate.

There was gradual improvement, no excessive pain or vomiting.

الصفحة24

Yes, the disease was treated, but when will the causes be revealed????

To this day, the causes are unknown.

My story is a message to all doctors and physicians,

from here I say, and wish that you read into new studies periodically;

as there are many cases that were accused of insanity or addiction,

only to discover that people were carrying rare diseases". When

we look back to (A.R.)'s story,

we say that the kindness of God placed him in the hands of doctors who were competent enough,

and their medical expertise are vast; that does not reflect on all doctors and physicians.

Unfortunately, many do not have the experience and background knowledge on rare diseases, so they prejudge.

الصفحة25

Please do not carry the sins of ignorance, so that you do not become the failure of humanity

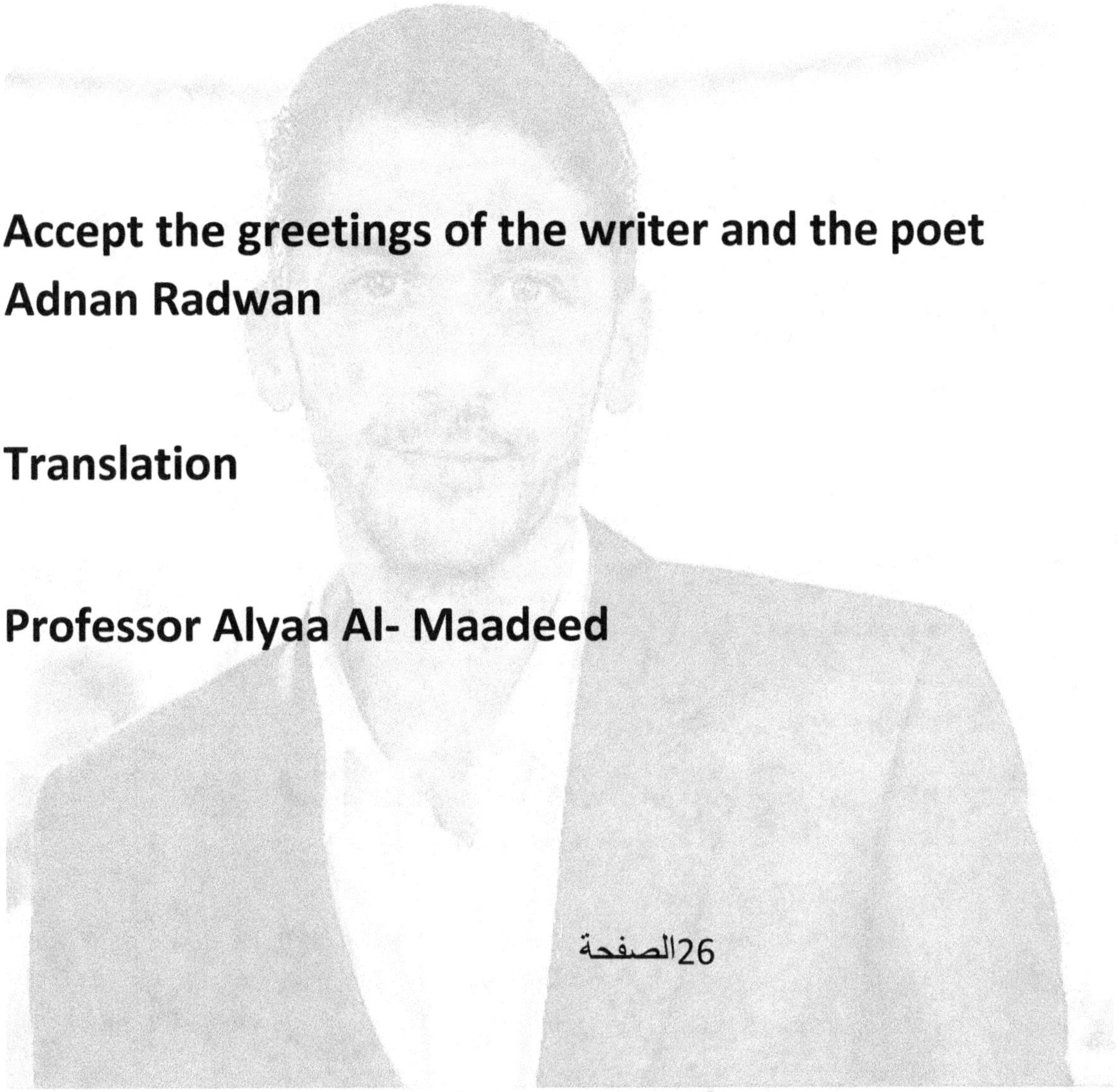

Accept the greetings of the writer and the poet Adnan Radwan

Translation

Professor Alyaa Al- Maadeed

26الصفحة